儿童趣味百科

U0243330

MATHS
NO PROBLEM!

英国数学真简单团队/编著　华云鹏 杨雪静/译

DK儿童数学分级阅读 第三辑

测量

数学真简单！

电子工业出版社·

Publishing House of Electronics Industry

北京·BEIJING

Original Title: Maths—No Problem! Measuring, Ages 7-8 (Key Stage 2)

Copyright © Maths—No Problem!, 2022

A Penguin Random House Company

版权贸易合同登记号　图字：01-2024-1629

图书在版编目（CIP）数据

DK儿童数学分级阅读. 第三辑. 测量／英国数学真简单团队编著；华云鹏，杨雪静译. --北京：电子工业出版社，2024.5

ISBN 978-7-121-47726-3

Ⅰ.①D…　Ⅱ.①英…　②华…　③杨…　Ⅲ.①数学－儿童读物　Ⅳ.①O1-49

中国国家版本馆CIP数据核字（2024）第078132号

出版社感谢以下作者和顾问：Andy Psarianos, Judy Hornigold, Adam Gifford和Anne Hermanson博士。

已获Colophon Foundry的许可使用Castledown字体。

责任编辑：张莉莉
印　　刷：鸿博昊天科技有限公司
装　　订：鸿博昊天科技有限公司
出版发行：电子工业出版社
　　　　　北京市海淀区万寿路173信箱　　邮编：100036
开　　本：889×1194　1/16　印张：18　　字数：303千字
版　　次：2024年5月第1版
印　　次：2024年11月第2次印刷
定　　价：128.00元（全6册）

www.dk.com

目 录

鲁比   艾略特   阿米拉   查尔斯   露露   萨姆   奥克   霍莉   拉维   艾玛   雅各布   汉娜

米和厘米

准 备

这株向日葵有多高？

153厘米

举 例

我们可以用卷尺测量物体的高度和长度。

米和厘米是高度和长度的单位。

米也可以写作m。

厘米也可以写作cm。

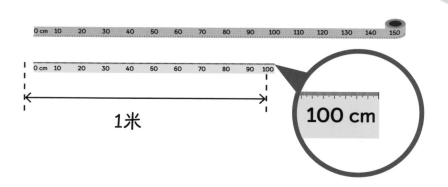

1米

100 cm

这株向日葵的高度是1米53厘米。

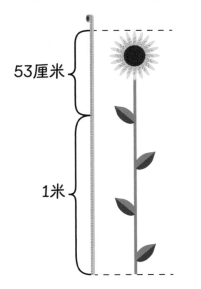

1米53厘米 = 100厘米 + 53厘米 = 153厘米

练 习

1 以米和厘米为单位写出路灯的高度。

586厘米

1米=100厘米

路灯的高度是 ☐ 米 ☐ 厘米。

2 填空。

(1) 1米43厘米 = ☐ 厘米

(2) ☐ 米 ☐ 厘米 = 210厘米

(3) 5米15厘米 = ☐ 厘米

(4) ☐ 米 ☐ 厘米 = 307厘米

(5) 1米1厘米 = ☐ 厘米

米和千米

准 备

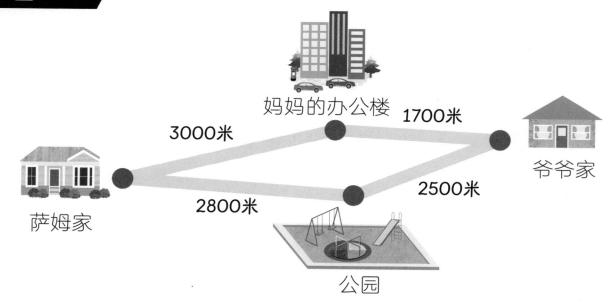

3000米

妈妈的办公楼

1700米

爷爷家

萨姆家

2800米

2500米

公园

我们怎样用千米和米表示这些距离？

举 例

从萨姆家到公园的距离是2800米。
2800米 = 2000米 + 800米

2800米 = 2千米800米

1000米 = 1千米

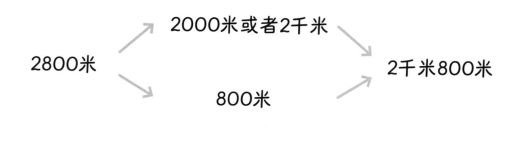

2800米 → 2000米或者2千米 → 2千米800米

800米

1 用千米和米表示这些距离。

路程	距离（米）	距离（千米和米）
从萨姆家到妈妈的办公楼	3000米	
从爷爷家到公园	2500米	
从爷爷家到妈妈的办公楼	1700米	

2 计算出总距离，结果用千米和米表示。

(1) 萨姆从家出发，路过妈妈的办公楼到达爷爷家。

⬚ 千米 ⬚ 米

(2) 萨姆从家出发，路过公园到达爷爷家。

⬚ 千米 ⬚ 米

3 将下列距离换算成千米和米。

(1) 3500米 = ⬚ 千米 ⬚ 米

(2) 2000米 = ⬚ 千米

(3) 1750米 = ⬚ 千米 ⬚ 米

(4) 4900米 = ⬚ 千米 ⬚ 米

距离的比较

准备

周五，露露从咨询中心步行至森林。

周六，她从咨询中心步行至山丘。

哪段距离更长？

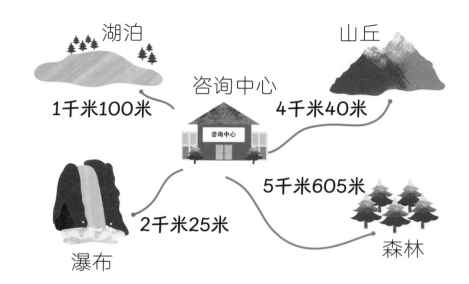

湖泊
1千米100米

咨询中心

山丘
4千米40米

5千米605米
森林

2千米25米
瀑布

举例

我们可以用千米和米表示距离。
也可以只用米表示。

1千米 = 1000米

位置	与咨询中心相距（千米和米）	与咨询中心相距（米）
湖泊	1千米100米	1100米
山丘	4千米40米	4040米
森林	5千米605米	5605米
瀑布	2千米25米	2025米

从咨询中心到森林的距离是5千米605米，或5605米。
从咨询中心到山丘的距离是4千米40米，或4040米。

5605 > 4040
5605米比4040米长。

从咨询中心到森林的距离比到山丘的距离更长。

1100米, 2025米, 4040米, 5605米

最短 ——————————————→ 最长

我们可以把这些距离从短到长排序。

练习

1 (1) 完成表格。

(2) 把距离按从长到短排序。

	,		
	,		

距离（千米和米）	距离（米）
3千米30米	
5千米	
	1070米
	3300米

2 阿米拉和家人在假期到附近的景区游玩。周一，他们去了一个4千米30米远的海滩。周二，他们去了一个5300米远的探险公园。周三，他们去了当地一个430米远的农场。

(1) 阿米拉和家人哪一天游玩的距离最长？

(2) 把上述距离从长到短排序。

	,		,	

3 艾玛和她的朋友量身高。

(1) 完成表格。

(2) 谁最高？

1米 = 100厘米

(3) 谁最矮？

姓名	身高（米和厘米）	身高（厘米）
艾玛		113厘米
艾略特	1米35厘米	
拉维	1米50厘米	
鲁比		110厘米

质量单位：克

准 备

哪个物品最重？我们怎么判断？

 我认为这袋大米最重。   我认为这袋面粉最重。

举 例

计量比较轻的物品，常用克（g）作单位。

这袋爆米花重100克。
它的质量为100克。

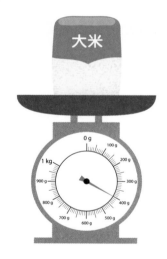

这袋大米重400克。
它的质量为400克。

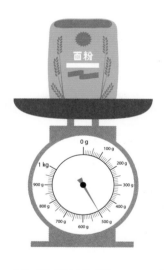

这袋面粉重500克。
它的质量为500克。

这袋面粉最重。
这袋爆米花最轻。

这袋面粉比这袋大米重100克。

写出每个物品的质量是多少克。

1

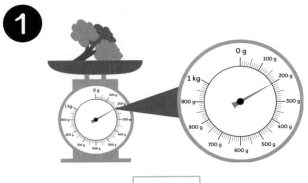

西兰花重 ☐ 克。

2

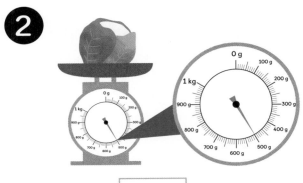

花菜重 ☐ 克。

3

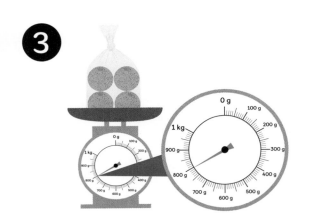

这袋橙子的质量为 ☐ 克。

4

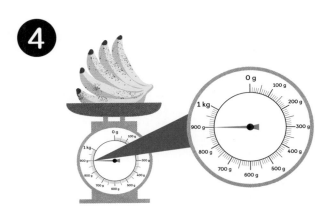

香蕉重 ☐ 克。

5

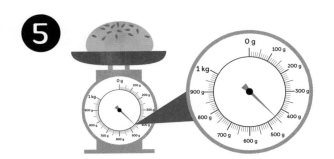

这块面包的质量为 ☐ 克。

6

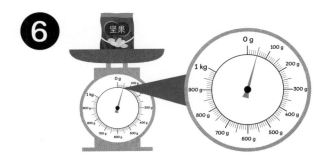

这袋坚果重 ☐ 克。

质量单位：克与千克

准 备

包裹的质量为多少？

秤显示它的质量在3千克和4千克之间。

举 例

秤表盘上一小格表示200克。计量比较重的物品时，常用千克（kg）作单位。

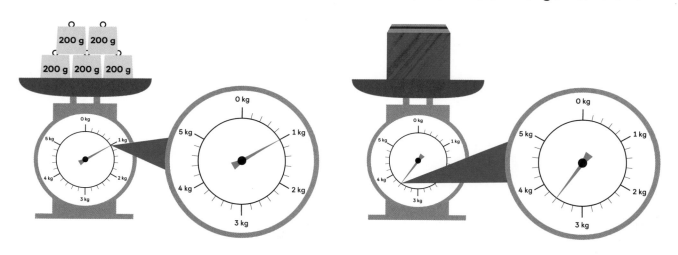

包裹的质量大于3千克。

包裹的质量为3千克600克。

我们可以写作3600克。

1千克 = 1000克

1 下列物体有多重？

(1)

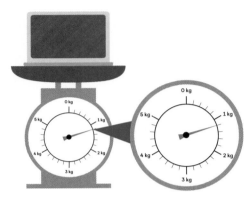

笔记本电脑重 ☐ 克。

(2)

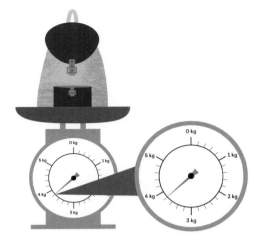

双肩包重 ☐ 克。

2 填空。

(1) 3千克 = ☐ 克

(2) ☐ 千克 = 5000克

(3) ☐ 千克 ☐ 克 = 3300克

(4) 3千克30克 = ☐ 克

(5) ☐ 千克 ☐ 克 = 4750克

3 把下列质量按由轻到重排序。

| 1千克900克 | 1千克90克 | 990克 | 1千克 |

☐ , ☐ , ☐ , ☐

最轻　　　　　　　　　　　　　　　　　　　　　最重

测量容积（一）

准 备

霍莉杯子里装的橙汁体积是多少？

举 例

我们可以用量杯算出霍莉的杯子里所装橙汁的体积。

测量的液体较少时，我们以毫升（mL）为单位。液体较多时以升（L）为单位。

杯子、瓶子、油桶等容器所能容纳物体的体积，通常叫作容积。

霍莉的杯子里所装橙汁的体积为200毫升。

写出量杯内水的体积。

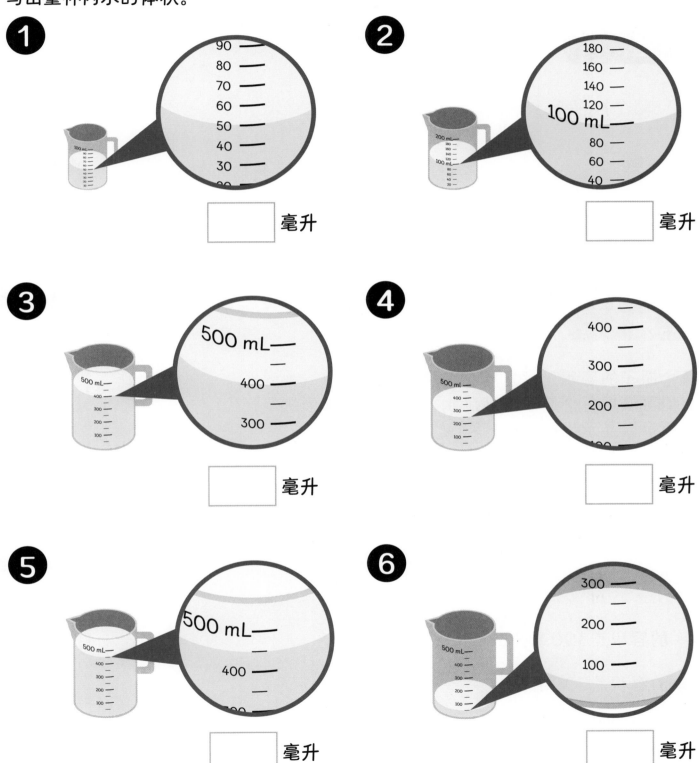

1

90
80
70
60
50
40
30

☐ 毫升

2

180
160
140
120
100 mL
80
60
40

☐ 毫升

3

500 mL
400
300

☐ 毫升

4

400
300
200

☐ 毫升

5

500 mL
400

☐ 毫升

6

300
200
100

☐ 毫升

测量容积（二）

准 备

哪个瓶子容纳的水最多？

我们如何计算呢？

举 例

每个瓶子的容积是指它能容纳水的多少。
我们可以把每个瓶子都装满水，然后再把水倒进量杯。
量杯可以显示出瓶子的容积。

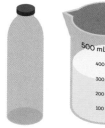 的容积是300毫升。

 的容积是500毫升。

 的容积是450毫升。

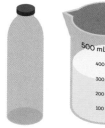 的容积最大。

16

容器内的液体都倒在了量杯里。
写出每个容器的容积。

倒进量杯之前，每个
容器都装满了。

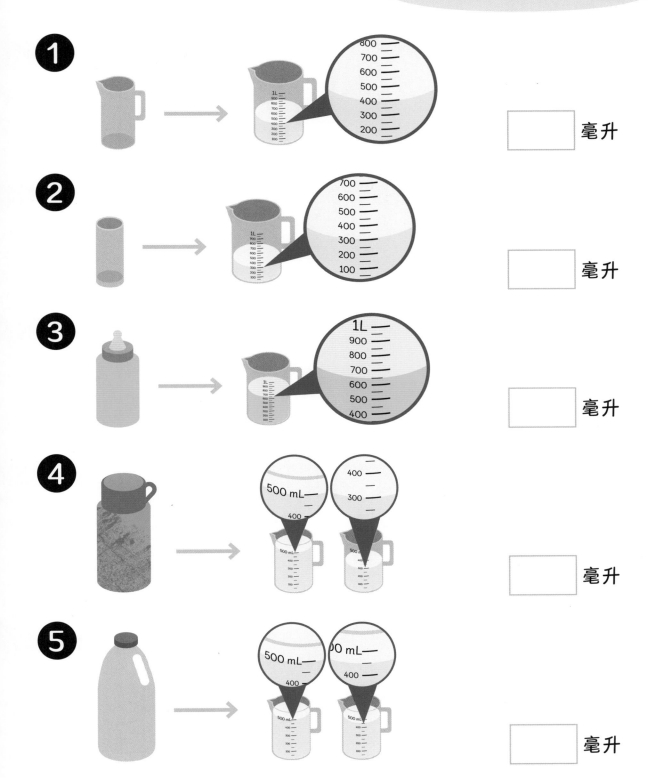

1 　　　　毫升

2 　　　　毫升

3 　　　　毫升

4 　　　　毫升

5 　　　　毫升

比较容积的大小

准 备

我们怎样比较这些容器的大小？

举 例

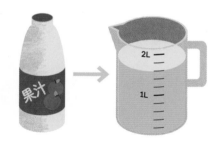  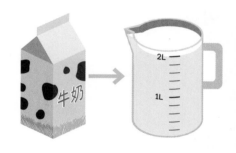

 的容积是1升600毫升，即1600毫升。

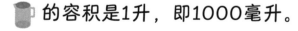 的容积是1升，即1000毫升。

的容积是2升，即2000毫升。

的容积最大。

的容积最小。

1升 = 1000毫升

1 填空。

(1) 2升500毫升 = ⬚ 毫升

(2) ⬚ 升 = 3000毫升

(3) 1升50毫升 = ⬚ 毫升

(4) 4升400毫升 = ⬚ 毫升

(5) ⬚ 升 ⬚ 毫升 = 4040毫升

2 写出下列容器的容积，并用"大于"或"小于"填空。

(1)

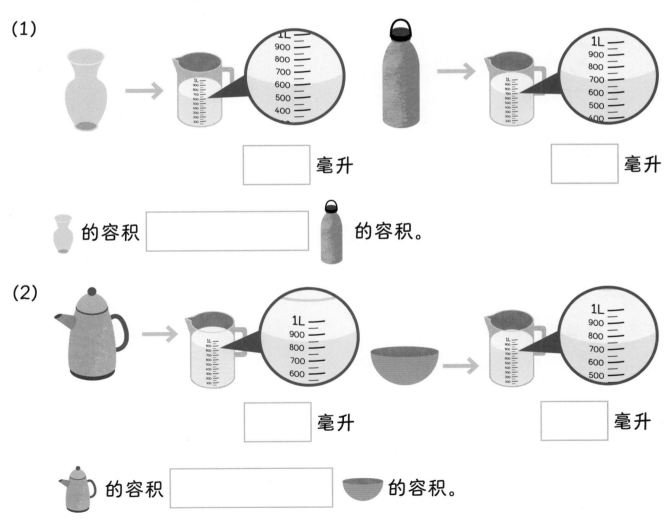

⬚ 毫升　　　　　　⬚ 毫升

🏺 的容积 ⬚ 🍶 的容积。

(2)

⬚ 毫升　　　　　　⬚ 毫升

🫖 的容积 ⬚ 🥣 的容积。

金额的加法

准 备

拉维有45元，他想买两个物品。

拉维的钱够买哪两个物品？

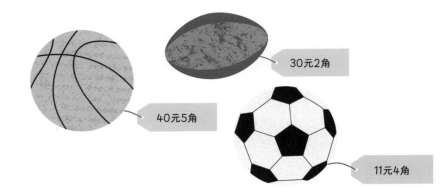

30元2角

40元5角

11元4角

举 例

计算 和 的总价。

4角 + 2角 = 6角
11元 + 30元 = 41元

把角和元相加。
两件物品的总价为41元6角。

计算 和 的总价。

5角 + 4角 = 9角
40元 + 11元 = 51元

两件物品的总价为51元9角。

计算 和 的总价。

5角 + 2角 = 7角
40元 + 30元 = 70元

两件物品的总价为70元7角。

拉维的钱够买  和  。

我们先把角相加。

然后我们再把元相加。

20

1 下列每组商品的总价是多少？

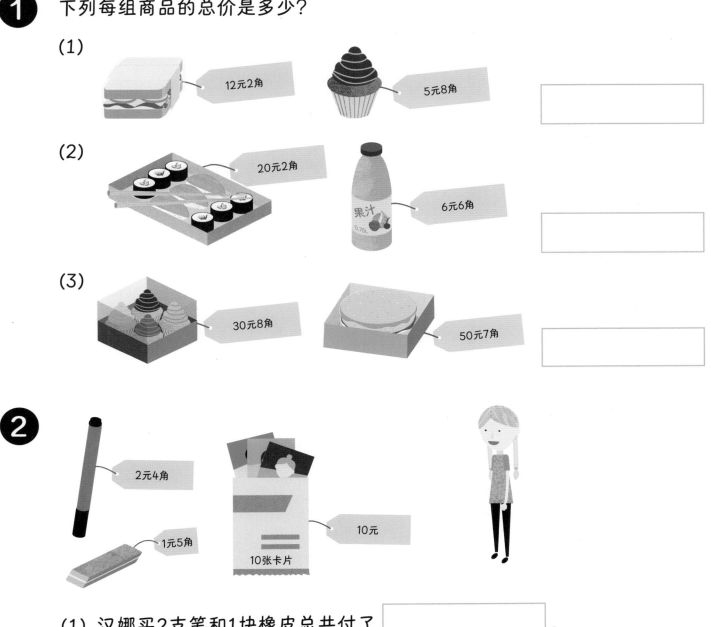

(1)

12元2角　　5元8角

(2)

20元2角　　6元6角

(3)

30元8角　　50元7角

2

2元4角

1元5角

10元

10张卡片

(1) 汉娜买2支笔和1块橡皮总共付了 _____ 。

(2) 1包卡片和1支笔的总价是 _____ 。

(3) 3件物品的总价是 _____ 。

(4) 汉娜一共花了13元。她买了什么？

_____

金额的拆分加法

准备

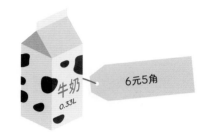

艾玛午餐的总费用是多少？

举例

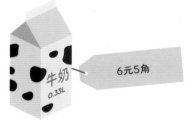

把角相加。　　　　　　　　　6角 + 5角 = 11角

　　　　　　　　　　　　　　11角 = 1元1角

把元相加。　　　　　　　　　15元 + 6元 + 1元 = 22元

把元和角相加。

艾玛午餐的总费用是22元1角。

1 查尔斯、拉维和霍莉买了如下物品。
计算每2件物品的总费用。

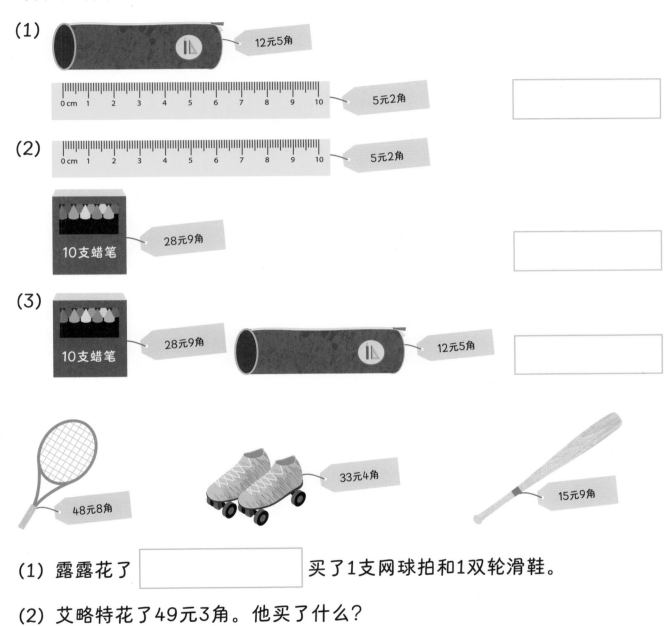

(1) 12元5角 5元2角

(2) 5元2角 10支蜡笔 28元9角

(3) 10支蜡笔 28元9角 12元5角

2

48元8角 33元4角 15元9角

(1) 露露花了 _____ 买了1支网球拍和1双轮滑鞋。

(2) 艾略特花了49元3角。他买了什么?

(3) 计算3件物品的总价。

金额的减法

准 备

玩具车的促销价是多少？

56元6角

举 例

把角相减。
6角 − 5角 = 1角

把元相减。
56元 − 5元 = 51元

玩具车的促销价是51元1角。

用56元6角减去
5元5角。

1 计算下列商品的促销价。

用商品的原价减去5元5角计算促销价。

(1)

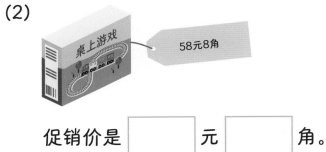

32元7角

促销价是 ☐ 元 ☐ 角。

(2)

58元8角

促销价是 ☐ 元 ☐ 角。

(3)

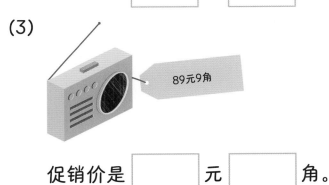

89元9角

促销价是 ☐ 元 ☐ 角。

2 做减法。

(1) 24元8角减11元3角。

(2) 68元8角减14元1角。

(3) 99元7角减40元5角。

金额的拆分减法

准 备

玩具金字塔比计算器
便宜多少钱？

36元9角
48元3角

举 例

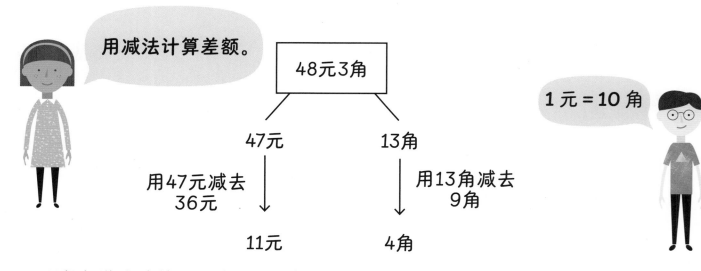

用减法计算差额。

48元3角

47元   13角

用47元减去   用13角减去
36元   9角

11元   4角

1元 = 10 角

玩具金字塔比计算器便宜11元4角。

1 计算物品价格的差额。

(1)

13元4角   7元8角

（空白框）

(2)

47元5角   漫画书   30元9角

（空白框）

(3)

64元5角   98元2角

（空白框）

1

42元8角   96元6角

(1) 哪件物品更便宜？

(2) 比另外一件便宜了多少钱？

金额的加减混算

准 备

汉娜用40元买了2张海报。

 14元8角  20元4角

需找回她多少钱？

举 例

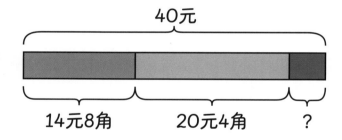

把角相加。
8角 + 4角 = 1元2角

把元相加。
14元 + 20元 = 34元

计算出总费用。
34元 + 1元2角 = 35元2角

用40元减去总费用。
36元 – 35元2角 = 8角
4元 + 8角 = 4元8角

需找回汉娜4元8角。

首先我们需要将2张海报的费用相加，算出总费用。

汉娜有40元。然后我们用40元减去总费用。

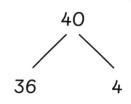
40
36   4

28

1 拉维花6元7角买了1双袜子，花9元8角买了1瓶饮料。他付了20元。应找回拉维多少钱？

20元

6元7角　　9元8角　　?

应找回拉维 ☐ 元 ☐ 角。

2 霍莉花21元2角买了1个毛绒玩具，花13元9角买了1个笔记本。她付了50元。应找给霍莉多少钱？

应找给霍莉 ☐ 。

读钟表：时与分

准 备

现在是几点？

举 例

看时钟的分针。

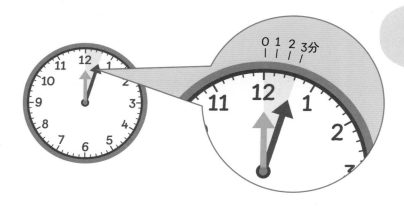

表盘上一小格表示1分钟。

分针超过了整点三分钟。

12点超过3分钟是12:03。

30

1 时钟显示的是几点？

(1)

(2)

(3)

(4)

(5)

(6)

2 画出分针，将对应的时间表示出来。

(1)
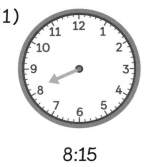

8:15

(2)

3:20

(3)
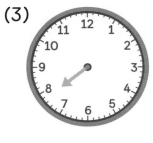

7:43

(4)
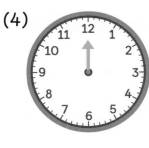

12:00

读电子时钟

准备

这是上午10:00还是晚上10:00呢？

10:00am

我们将它读作上午十点。

举例

这是一个指针式时钟。它不能显示上午或者下午。

电子时钟可以显示上午或者下午。

"am"指0点到中午12点。

10:00am

"pm"指中午12点到0点。

1 画出所缺的指针，将电子时钟上的时间补充完整。

(1)

11:

(2)

07:45

(3)

2 时钟显示的是几点？

(1)

07:10 am   上午7时10分

(2)

09:50 am   [ ] [ ] 时 [ ] 分

(3)

11:23 pm   [ ] [ ] 时 [ ] 分

(4)

04:50 pm   [ ] [ ] 时 [ ] 分

24时计时法

准 备

现在是几点？

13:30

举 例

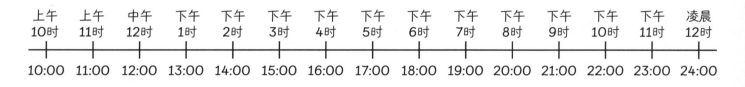

上午 10时	上午 11时	中午 12时	下午 1时	下午 2时	下午 3时	下午 4时	下午 5时	下午 6时	下午 7时	下午 8时	下午 9时	下午 10时	下午 11时	凌晨 12时
10:00	11:00	12:00	13:00	14:00	15:00	16:00	17:00	18:00	19:00	20:00	21:00	22:00	23:00	24:00

11:30　时钟显示为上午11:30。

12:30　时钟显示为下午12:30。

13:30　时钟显示为下午1:30。

13:30是指下午1时30分。

1 连线。

| 14:00 | • | • | 晚上8时45分 |

| 16:15 | • | • | 下午2时 |

| 12:30 | • | • | 下午4时15分 |

| 20:45 | • | • | 下午12时30分 |

2 用24时计时法表示下列时间。

(1) 下午3时10分 　　　 :

(2) 上午11时40分 　　　 :

(3) 晚上10时30分 　　　 :

(4) 早上6时30分 　　　 :

时间单位：秒

准 备

孩子们测量他们系鞋带花了多长时间。

每人分别花了多长时间？

举 例

我们可以用秒表计时。

艾略特系鞋带花了12秒。

我们也可以用手机上的计时器计时。

鲁比系鞋带花了15秒。

我们也可以用时钟的秒针计时。

查尔斯系鞋带花了16秒。

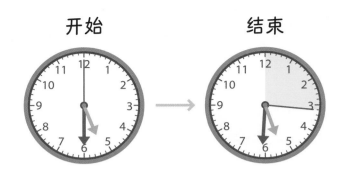

开始　结束

练 习

1 用秒表、手机计时器或时钟测量所需时间：

(1) 唱生日歌 ⬜ 秒

(2) 单腿跳10下 ⬜ 秒

(3) 背诵字母表 ⬜ 秒

2 从开始到结束经过了多少秒？

(1) 开始　结束

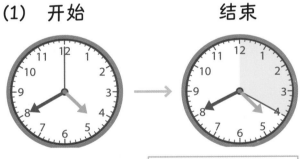

⬜

(2) 开始　结束

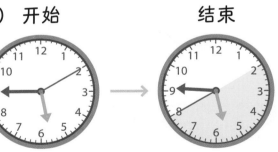

⬜

(3) 开始　结束

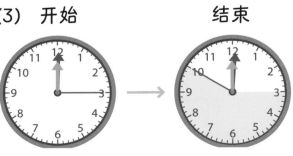

⬜

(4) 开始　结束

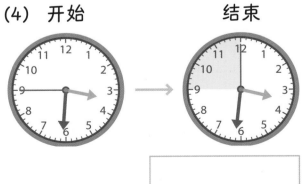

⬜

时间单位：时与分

准 备

查尔斯看了多久的电视？

举 例

查尔斯下午5:30开始看电视。
他看到下午6:15。

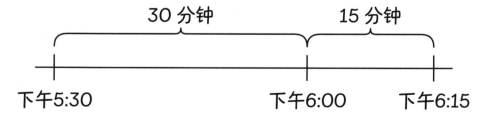

30分钟 + 15分钟 = 45分钟
查尔斯看了45分钟的电视。

38

1 霍莉下午6:20开始踢足球。
她踢到下午7:10。
她踢了多久的足球？

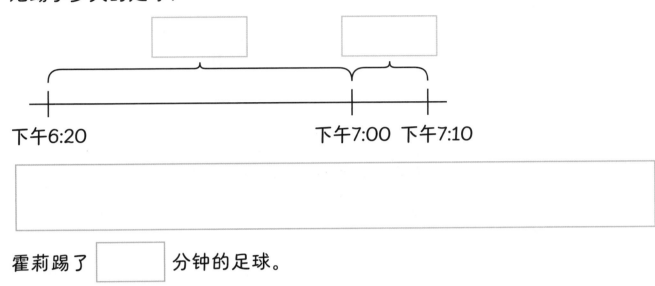

下午6:20 　　　　　　　　下午7:00　下午7:10

霍莉踢了 ⬚ 分钟的足球。

2 拉维上午8:15从家出发，步行了30分钟到达学校。他是几点到达学校的？

拉维是 ⬚ 到达学校的。

3 计算结束时间。

开始 　　　　　　　　　　　　　结束

(1) `11:23` ——→ 35分钟后 　　⬚ : ⬚

(2) `09:42` ——→ 20分钟后 　　⬚ : ⬚

时间的换算

准 备

我解答这道题目花了125秒。

我解答这道题目花了2分10秒。

谁答题花的时间少？

举 例

用分和秒比较时间长短。

60秒 = 1分钟
120秒 = 2分钟
125秒 = 2分5秒

萨姆花了2分5秒。
露露花了2分10秒。

用秒比较时间长短。

2分钟 = 120秒
2分10秒 = 130秒

萨姆花了125秒。
露露花了130秒。

萨姆答题花的时间比露露少。

我们可以用分和秒，或者只用秒，来比较时间长短。

60秒 = 1分钟

1分钟 = 60秒

1 把下列时间换算成秒。

(1) 3分钟 ☐ 秒

(2) 2分25秒 ☐ 秒

(3) 4分44秒 ☐ 秒

2 把下列时间换成分和秒。

(1) 120秒 ☐ 分

(2) 140秒 ☐ 分 ☐ 秒

(3) 190秒 ☐ 分 ☐ 秒

3 霍莉制作奶昔花了165秒。
萨姆制作奶昔花了2分35秒。
谁制作奶昔花的时间长？

☐

☐ 制作奶昔花的时间长。

4 查尔斯想在5分钟内完成一个游戏关卡。
他完成游戏关卡花了290秒。
他是在5分钟内完成游戏关卡的吗？

☐

☐

回顾与挑战

1 艾玛有1条2米长的丝带。
她剪下来75厘米做了一个蝴蝶结。
艾玛的丝带还剩多长？

艾玛的丝带还剩 ☐ 厘米。

2 查尔斯的家与学校相距3千米。
汉娜家到学校的距离是查尔斯家到学校距离的一半。

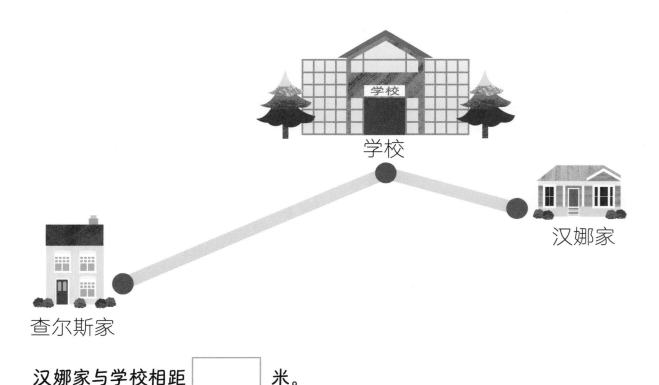

学校

查尔斯家

汉娜家

汉娜家与学校相距 ☐ 米。

3 狗比猫重500克。
计算狗的体重。

2 kg 700 g

狗的体重是 [ ] 千克 [ ] 克。

4 夜莺先生每周使用200毫升的洗涤剂。
1整瓶洗涤剂够夜莺先生使用几周？

洗涤剂

1600 mL

1整瓶洗涤剂够夜莺先生使用 [ ] 周。

5 计算3个烧杯中水的总体积。
用升和毫升表示你计算的结果。

3个烧杯中水的总体积为 ⬚ 升 ⬚ 毫升。

6 拉维买了 👕 和 👖。他付了一张100元的纸币。

应找给拉维多少钱?

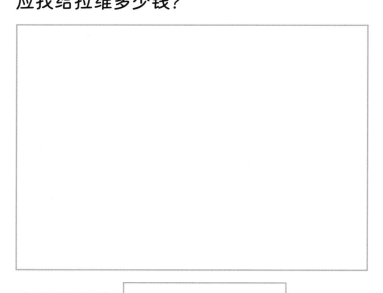

32元5角

56元7角

应找给拉维 ⬚ 。

7 萨姆在公园玩了2小时30分钟。
他离开时是中午12点。那么他是几点钟到达的？

上午9:00　　　　上午10:00　　　　上午11:00　　　　中午12:00

萨姆是 _____ 到达的。

8 露露花28元7角买了1块蛋糕，花32元6角买了1个书包。
买完后她还剩8元7角。
她最开始有多少钱？

露露刚开始有 _____ 元。

9 箱子里装了8块积木，箱子和积木的总质量为900克。
从箱子中拿出2块积木，箱子和剩余积木的总质量为720克。
1块积木的质量是多少？

1块积木的质量是 _____ 克。

参考答案

第 5 页 1 路灯的高度是5米86厘米。 2 (1) 1米43厘米 = 143厘米 (2) 2米10厘米 = 210厘米

(3) 5米15厘米 = 515厘米 (4) 3米7厘米 = 307厘米 (5) 1米1厘米 = 101厘米

第 7 页 1

路程	距离 (米)	距离 (千米和米)
萨姆家到妈妈的办公楼	3000米	3千米
爷爷家到公园	2500米	2千米500米
爷爷家到妈妈的办公楼	1700米	1千米700米

2 (1) 4千米700米 (2) 5千米300米 3 (1) 3500米 = 3千米500米 (2) 2000米 = 2千米

(3) 1750米 = 1千米750米 (4) 4900米 = 4千米900米

第 9 页 1 (1)

距离 (千米和米)	距离 (米)
3千米30米	3030米
5千米	5000米
1千米70米	1070米
3千米300米	3300米

(2) 5000米, 3300米, 3030米, 1070米

2 (1) 周二 (2) 5300米, 4千米30米, 430米

3 (1)

姓名	身高 (米和厘米)	身高 (厘米)
艾玛	1米13厘米	113厘米
艾略特	1米35厘米	135厘米
拉维	1米50厘米	150厘米
鲁比	1米10厘米	110厘米

(2) 拉维 (3) 鲁比

第 11 页 1 西兰花重200克 2 花菜重500克。

3 这袋橙子的质量为800克。4 香蕉重900克。

5 这块面包的质量为450克。6 这袋坚果重50克。

第 13 页 1 (1) 笔记本电脑重1200克。 (2) 双肩包重3800克。

2 (1) 3千克 = 3000克 (2) 5千克 = 5000克 (3) 3千克300克 = 3300克

(4) 3千克30克 = 3030克 (5) 4千克750克 = 4750克 3 990克, 1千克, 1千克90克, 1千克900克

第 15 页 1 50毫升 2 100毫升 3 400毫升 4 250毫升 5 450毫升 6 50毫升

第 17 页 1 400毫升 2 300毫升 3 650毫升 4 800毫升 5 950毫升

第 19 页 1 2升500毫升 = 2500毫升 (2) 3升= 3000毫升 (3) 1升50毫升 = 1050毫升

(4) 4升400毫升 = 4400毫升

(5) 4升40毫升 = 4040毫升 2 (1) 600 毫升, 700毫升; 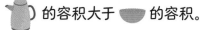 的容积小于 的容积。

(2) 850毫升, 750毫升; 的容积大于 的容积。

第 21 页　1 (1) 18元　(2) 26元8角　(3) 81元5角　2 (1) 汉娜买2支笔和1块橡皮总共付了6元3角。
(2) 1包卡片和1支笔的总价是12元4角。　(3) 3件物品的总价是13元9角。
(4) 汉娜买了1包卡片和2块橡皮。

第 23 页　1 (1) 17元7角　(2) 34元1角　(3) 41元4角　2 (1) 露露花了82元2角买了1只网球拍和1双轮滑鞋。
(2) 艾略特买了1双轮滑鞋和1根棒球棍。(3) 98元1角

第 25 页　1 (1) 促销价是27元2角。　(2) 促销价是53元3角。　(3) 促销价是84元4角。
2 (1) 13元5角　(2) 54元7角　(3) 59元2角

第 27 页　1 (1) 5元6角　(2) 16元6角　(3) 33元7角
2 (1) 滑板更便宜。(2) 比另外一件便宜53元8角。

第 29 页　1 应找回拉维3元5角。　2 应找给霍莉14元9角。

第 31 页　1 (1) 8:10　(2) 9:15　(3) 11:12　(4) 6:30　(5) 2:43　(6) 5:59

2 (1) 　　　(2) 　　　(3) 　　　(4)

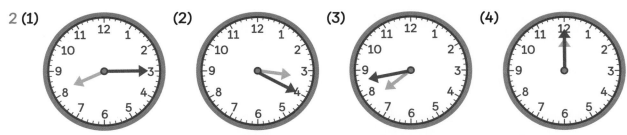

第 33 页　1 (1) 11:30 am 或 a.m. (2) 　　　　7:45 pm 或 p.m. (3) 3:30 pm 或 p.m.

2 (2) 上午9时50分　(3) 晚上11时23分　(4) 下午4时50分

第 35 页　1

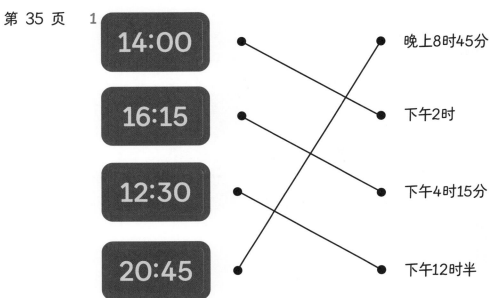

2 (1) 15:10　(2) 11:40　(3) 22:30　(4) 06:30